水力学实习指导书

SHUILIXUE SHIXI ZHIDAOSHU

潘欢迎　万军伟　胡艳芬　主编

中国地质大学出版社有限责任公司
ZHONGGUO DIZHI DAXUE CHUBANSHE YOUXIAN ZEREN GONGSI

内容摘要

本书是根据中国地质大学水文学及水资源、地下水科学与工程和环境工程专业教学计划的要求编写的，符合《水力学》教学大纲的基本要求，包括实验和习题两部分，所选内容均紧扣教材的重点和难点，有助于促进学生对理论知识的理解并激发学生的学习兴趣，培养学生的动手能力与分析解决实际问题的能力。

本书主要适用于水文学及水资源、地下水科学与工程、环境工程等专业的教学用书。

图书在版编目(CIP)数据

水力学实习指导书/潘欢迎，万军伟，胡艳芬主编．—武汉：中国地质大学出版社有限责任公司，2013.1 (2019.1 重印)

ISBN 978-7-5625-3116-6

Ⅰ．水…

Ⅱ．①潘…②万…③胡…

Ⅲ．水力学-实习-高等学校-教学参考资料

Ⅳ．TV13-45

中国版本图书馆 CIP 数据核字(2013)第 121036 号

水力学实习指导书 **潘欢迎 万军伟 胡艳芬 主编**

责任编辑：王凤林 责任校对：张咏梅

出版发行：中国地质大学出版社有限责任公司（武汉市洪山区鲁磨路 388 号） 邮编：430074

电 话：(027) 67883511 传 真：(027) 67883580 E-mail：cbb @ cug. edu. cn

经 销：全国新华书店 Http：//www. cugp. cug. edu. cn

开本：787 毫米×1 092 毫米 1/16 字数：110 千字 印张：4.25

版次：2013 年 1 月第 1 版 印次：2019 年 1 月第 2 次印刷

印刷：武汉珞南印务有限责任公司 印数：1001-2000册

ISBN 978-7-5625-3116-6 定价：10.00 元

中国地质大学（武汉）实验教学系列教材

编委会名单

前　言

水力学是一门研究以水为代表物的液体的机械运动规律及其在工程技术中应用的学科，也是一门实验性很强的学科。通过水力学实验课程，学生观察分析水流现象，验证所学理论，学会并掌握科学实验的方法和操作技能，具备整理实验资料与编写实验报告的能力。

全书共分为两大部分。第一部分是水力学实验，包括静水压强实验、能量方程演示实验与流线演示实验、管道局部水头损失实验、文丘里流量计及孔板流量计率定实验、动量方程验证实验及管流流态实验。第二部分是配合课堂教学内容设置的习题，通过课后练习进一步巩固课堂教学内容，加深对基本概念和计算方法的理解。

本书的出版得到中国地质大学（武汉）实验教材项目的资助和中国地质大学出版社的支持，中国地质大学（武汉）彭浩、张亚男、李仲夏、沈丹萍、王珺瑜、和泽康、张铠苡、张长城参与了书稿的整理与校对。对于来自上述的诸多帮助和支持，作者在此一并表示衷心的感谢。

由于水平有限，错误与不足之处在所难免，敬请读者批评指正。

编者
2012 年 12 月

目　录

实验部分

习题部分

答案部分

实验部分

实验一　静水压强实验

（一）实验目的

通过测定密封容器中静止液体内指定点的静水压强，深入理解水力学基本方程式及相应的重要概念。具体要求如下。

1. 加深对水静力学基本方程物理意义的理解，加深理解位置水头、压强水头及测压管水头的概念。验证静止液体中，不同点对于同一基准面的测压管水头为常数（即 $z+\frac{p}{\rho g}=C$），并理解等压面的概念，分析其存在的条件。

2. 建立液体表面压强 $p_0>p_a$、$p_0<p_a$ 的概念，了解静止液体内出现真空（负压）的条件，观察真空现象，并测定指定点的真空值，加深对绝对压强、真空度的理解。

3. 测定在静止液体内部 A、B 两点的测压管高度和测压管水头，掌握静水压强的测量方法。

4. 运用水静力学知识测定某种液体的容重。

（二）实验原理

1. 在重力作用下，水静力学基本方程为：

$$z+\frac{p}{\rho g}=C$$

它表明：当质量力仅为重力时，静止液体内部任意点对同一基准面的 z 与 $\frac{p}{\rho g}$ 两项之和为常数。

2. 重力作用下，液体中任何一点静止水压强

$$p=p_0+\rho g h$$

式中：p_0 为液体表面压强。

$p_0>p_a$ 为正压；$p_0<p_a$ 为负压，负压可用真空压强 p_v 或真空高度 h_v 表示：

$$p_v=p_a-p_{abs}$$

$$h_v=\frac{p_v}{\rho g}$$

重力作用下，静止均质液体中的等压面是水平面。利用互相连通的同一种液体的等压面原理，可求出待求液体的密度。

3. 根据流体平衡规律，在重力场中静止液体的压强分布可表示为：

$$z+\frac{p}{\rho g}=C$$

即在连通的同种静止液体中各点对于同一基准面的测压管水头相等。

4. 测压管的一端接大气，这样就把测压管水头揭示出来了，再利用液体的平衡规律，可知连通的静止液体区域中任何一点的压强，包括测点处的压强，这就是测压管量测静水压的原理。

5. 压强水头$\frac{p}{\rho g}$和位置水头 z 之间的互相转换，决定了液柱高和压差的对应关系：$\Delta p=\rho g\Delta h$，在压差相同的情况下，不同的液体对应不同的液柱高。用这个原理可以测定液体的容重。

（三）实验装置

仪器采用静水压强仪，包括水头调节装置 F、密封容器、压差计、测压管、连通管等。

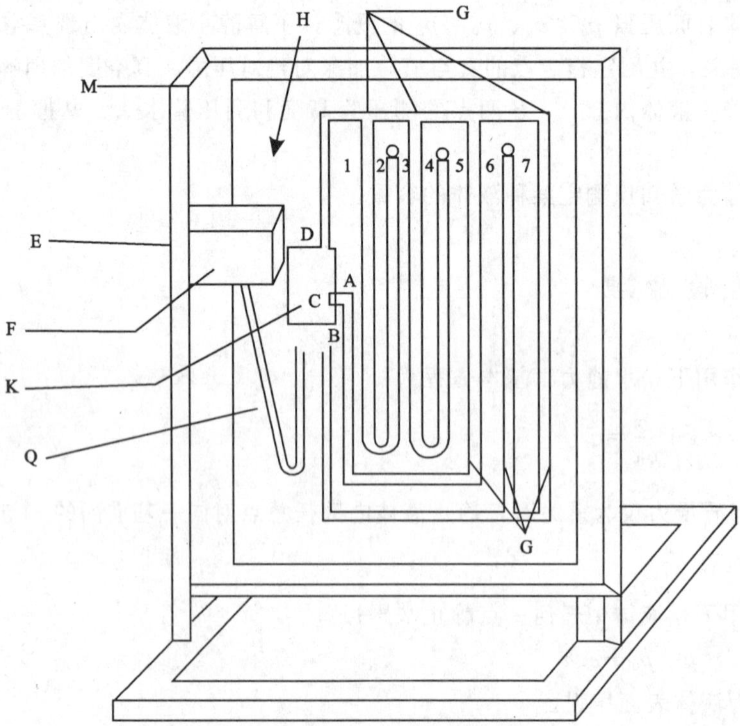

图 1　静水压强实验仪

图 1 中，K 为密封容器；F 为水头调节器；E 为水头调节器旋钮；D 为空气阀门；H 为测压管数书板 A、B、C 特征点；M 为滑槽；Q 为软胶管；G 为软胶管接头水头调节器与密封容器内都装有水；1、2 管与 3、4 管为压差计，分别装有任意两种液体（本实验为煤油、柴油）；5、6 管为自 A、B 两点的测压管，管 7 为连通管，与密封容器相连。

（四）实验步骤

1. 开启空气阀，使容器内压强为大气压。检查各管及 F、K 中水面是否在同一水平面上。准备开始实验。

2. 形成液面高压环境（$p_0>p_a$）。

转动水头调节器手柄，降低水头调节器位置（注意不让水溢出，并保持密封容器内水面在 A 点之上）。观察水头调节器与密封容器内水面状况，当为水平时，关闭空气阀。然后，升高水头调节器，使得密封容器中液面压强变大，待各管水面稳定，读取实验数据。照此步骤重复改变水头调节器的位置 2 次，记录各管数据于表 1。

3. 形成液面负压环境（$p_0<p_a$）。

将水头调节器降到某一位置，打开空气阀，然后将其升到最大可能高度（注意密封容器内水不致从空气阀中溢出），待两容器中水面齐平，关闭空气阀，将水头调节器降至某一位置（密封容器内水面应高于 A 点），待容器及各管水面稳定后，读取并记录各管读数。照此步骤，重新改变水头调节器的位置 2 次，记录实验数据于表 1。

（五）计算分析

1. 数据记录，见表 1。

表 1　测管液面读数记录

A 点位置高度：______cm；B 点位置高度：______cm

管号		1	2	3	4	5	6
$p_0>p_a$	1						
	2						
	3						
$p_0<p_a$	1						
	2						
	3						

2. 处理实验数据，将结果记录于表2。

表2　静水压强实验数据记录表

项目	绝对压强（cm水柱）			相对压强（cm水柱）			真空压强（cm水柱）			测压水头（cm水柱）		
$p_0 = p_a$												
$p_0 > p_a$												
$p_0 < p_a$												

3. 根据实验数据，计算1、2管与3、4管中两种液体的容重。分别计算结果整理于表3、表4中。

表3　1、2管中的液体容重

项目	序号	计算公式	计算数据	最终计算结果
$p_0 > p_a$	1			
	2			
	3			
$p_0 > p_a$	1			
	2			
	3			

表4　3、4管中的液体容重

项目	序号	计算公式	计算数据	最终计算结果
$p_0 > p_a$	1			
	2			
	3			
$p_0 > p_a$	1			
	2			
	3			

（六）思考题

1. 指出水头调节器内的液面与哪些管道的液面齐平，为什么？

2. 若改变实验的基准面，会对计算结果有改变吗？哪些结果会不同？

3. 在什么情况下，密封容器内存在一等于大气压的等压面？

实验二 能量方程演示实验与流线演示实验

一、能量方程演示实验

（一）实验目的

1. 观察恒定流的情况下，当管道断面发生改变时水流的位置势能、压强势能、动能的沿程转化规律，加深对能量方程的物理意义及几何意义的理解。

2. 观察均匀流、渐变流断面及其水流特征。

3. 掌握急变流断面压强分布规律。

4. 测定管道的测压管水头和总水头值，并绘制管道的测压管水头线及总水头线。

5. 观察恒定总流连续方程中速度与管径的变化关系。

（二）实验原理

实际单位重量液体在有压管道中作恒定流动时，其能量方程如下：

$$z_1+\frac{p_1}{\rho g}+\frac{\alpha_1 v_1^2}{2g}=z_2+\frac{p_2}{\rho g}+\frac{\alpha_2 v_2^2}{2g}+h_w$$

该式表明：单位重量的液体在流动过程中，液体的各种机械能（单位位能、单位压能和单位动能）是可以相互转化的。但由于实际液体存在黏性，液体运动时为克服阻力而要消耗一定的能量，也就是一部分机械能转化为热能而散逸，即水头损失。因各断面的机械能应沿程逐渐减少。

对于均匀流和渐变流断面，其动水压强分布符合静水压强分布规律：

$$p=p_0+\rho gh \text{ 或 } z+\frac{p}{\rho g}=C$$

但不同断面的 C 值不同。

对于急变流（图 2），由于流线的曲率较大，因此惯性力亦将影响过水断面上的压强分布规律：

上凸曲面边界上的急变流断面如图 2（a），离心力与重力方向相反，所以 $p_{动}<p_{静}$。

下凹曲面边界上的急变流断面如图 2（b），离心力与重力方向相同，所以 $p_{动}>p_{静}$。

(a) 上凸面　　　　(b) 下凹面

图 2　急变流断面图

(三) 实验设备

实验设备及各部分名称如图 3 所示。

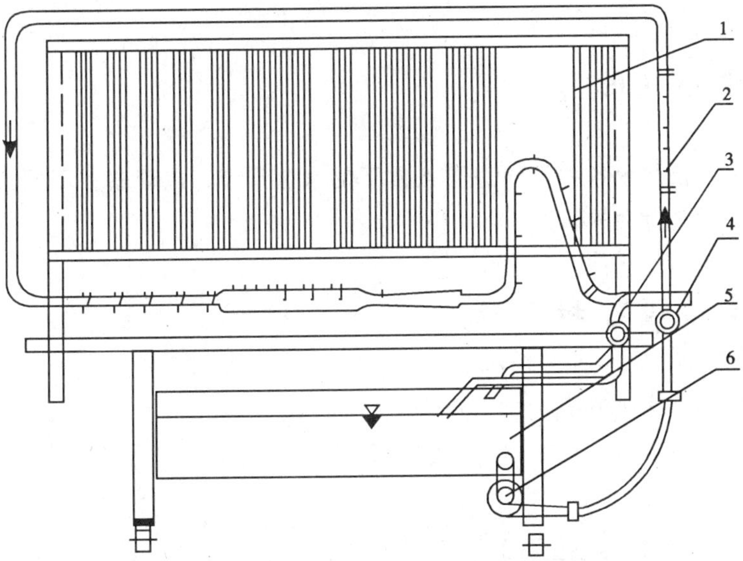

图 3　能量方程演示仪

1. 测压排；2. 浮子流量计；3. 尾阀；4. 进水阀；5. 水箱；6. 水泵

(四) 实验步骤

1. 分辨测压管与毕托管，检查橡胶管接头是否接紧。

2. 接通电源，启动抽水机，打开进水阀，使水箱充水并保持溢流，使水位恒定。

3. 关闭尾阀，检查测压管和毕托管的液面是否齐平。若不平，则需要检查管路中是否存在气泡，若存在气泡则需要反复开关尾阀将管道及测压管中的气泡排出。

4. 打开尾阀，量测测压管及毕托管水头。

5. 观察急变流断面处的压强分布规律。

6. 本实验共做三次。

7. 演示实验结束，切断电源，关闭总的进水阀。

（五）实验要求及注意事项

1. 在管流流量（Q）固定不变的情况下，观察管段内流体在不同位置的测压管水头线。

2. 尾阀（k）开启一定要缓慢，并注意测压管中的水位的变化，不要使测压管水面下降太多，以免空气倒吸入管路系统，影响实验进行。

3. 流速较大时，测压管水面有脉动现象，读数要读取均值。

4. 演示时一定要将管道和测压管中的空气排净。

二、流线演示实验

（一）实验目的

应用流动演示仪演示各种不同边界条件下的水流形态，以观察在不同边界条件下的流线，增强对流体运动特性的认识。

（二）实验设备和仪器

流线演示仪如图 4 所示。

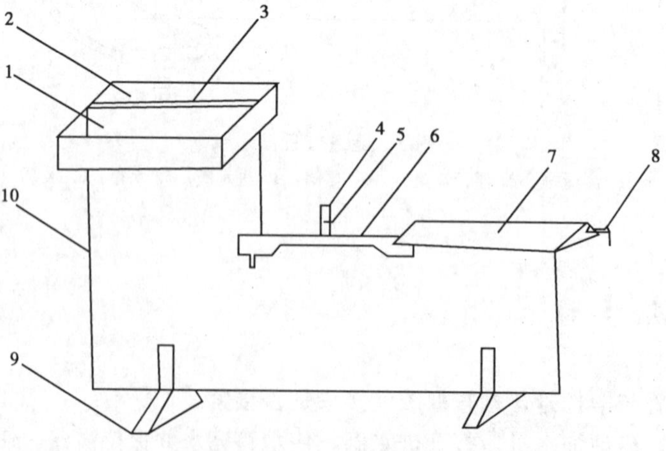

图 4　流线演示装置

1. 白色水供水箱；2. 红色水供水箱；3. 窄缝槽；4. 排气嘴；5. 弹簧止水夹；6. 坝基模拟片；7. 排水区；8. 调节阀；9. 支架；10. 流线演示区

（三）实验步骤

1. 用流线演示仪自行定义流线演示仪的边界条件，使用白色供水箱中的水源供水。

2. 等待一段时间，水流稳定后，较小开度打开红色供水箱，使其显示水质点运动迹线。

3. 仔细观察红色迹线，掌握水流经过突然缩小或突然扩大断面和障碍物处及其附近的流线特征。

（四）思考题

1. 如何确定管中某点的位置高度、压强高度、流速水头、测压管水头和总水头？

2. 总水头线和测压管水头线是否总是沿程下降？

3. 突然扩大和突然缩小段测压管水头线是否总是上升？

4. 文丘里管段上各断面的测压管水头变化说明了什么？

5. 垂直管段的最大真空值如何确定?

6. 弯管凸凹边壁上的测压管水头有何差异？为什么?

实验三　管道局部水头损失实验

（一）实验目的

1. 学习并掌握测定管道局部水头损失系数（ζ）的方法。

2. 将管道局部水头损失系数的实测值与理论值进行比较分析。

3. 观察管径突然扩大时漩涡区测压管水头线的变化情况，以及其他各种边界突变情况下的测压管水头线的变化情况。

（二）实验原理

由于边界形状的急剧改变，水流就会与边界分离出现漩涡，同时由于水流流速分布发生改变，因而消耗一部分机械能。由边界形状的急剧改变所消耗的部分机械能，以单位重量液体的平均能量损失来表示，即为局部水头损失（忽略沿程水头损失）。

边界形状的改变有水流断面的突然扩大或突然缩小、弯道及管路上安装阀门等。

局部水头损失（h_j）常用流速（v）水头与一系数的乘积表示：

$$h_j=\zeta\frac{v^2}{2g}$$

式中：ζ 为局部水头损失系数，也叫局部阻力系数。系数 ζ 是流动形态与边界形状的函数，即 $\zeta=f$（Re，边界形状）。一般水流 Re 数足够大时，可认为系数 ζ 不再随 Re 数而变化，而看作一固定不变的常数。

管道局部水头损失目前仅有突然扩大的情况下可采用理论分析，并可得出足够精确的结果。其他情况则需要用实验的方法测定 ζ 值。突然扩大的局部水头损失可应用动量方程与能量方程及连续方程联合求解得到如下公式：

$$h_j=\zeta_2\frac{v_2^2}{2g},\quad \zeta_2=\left(\frac{A_2}{A_1}-1\right)^2$$

或

$$h_j=\zeta_1\frac{v_1^2}{2g},\quad \zeta_1=\left(1-\frac{A_1}{A_2}\right)^2$$

式中：A_1 和 v_1 分别为扩大段上游的断面积和平均流速，A_2 和 v_2 分别为突然扩大下游管段的断面积和平均流速，其中 $A_1<A_2$。

（三）实验设备

实验设备及部分名称如图 5 所示。

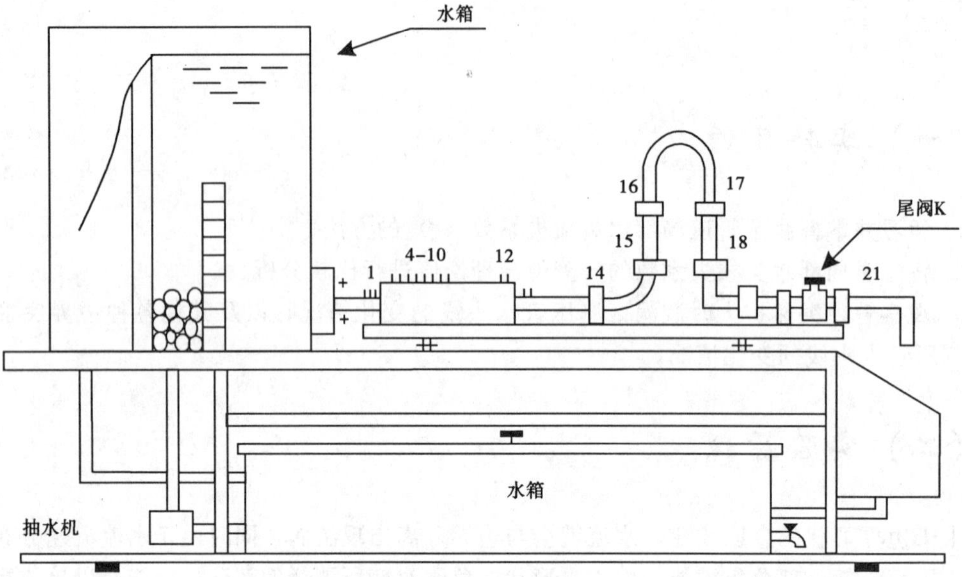

图 5　局部阻力实验仪

（四）实验步骤

1. 记录管道直径 D 和 d。

2. 熟悉仪器，记录有关常数，检查各测压管的橡皮管接头是否接紧。

3. 启动抽水机，打开进水阀门，使水箱充水，并保持溢流，使水位恒定。

4. 检查尾阀 K 全关时，测压管的液面是否齐平，若不平，则需要排气调平。

5. 慢慢打开尾阀 K，使流量在测压管量程范围内达到最大，待流动稳定后，记录测压管液面标高，用体积法测量流量，或用电子流量仪测定管道直径。

6. 调节尾阀改变流量，重复三次。

（五）注意事项

1. 实验必须在水流稳定后方可进行。

2. 计算局部水头损失系数时，应注意选择相应的流速头，所选量测断面应选在渐变流断面上，尤其是下游断面应选在漩涡区的末端，即主流恢复并充满全管的断面上。

(六) 实验成果

1. 有关常数记录。

实验台编号：

上游小管道直径 d=____cm；下游大管道直径 D=____cm。

2. 记录数据并计算分析。

根据实验步骤认真完成实验，记录数据于表5。计算出实测的局部水头损失系数平均值和理论的局部水头损失系数。

3. 在不忽略管道的沿程水头损失的情况下，比较实测的局部水头损失系数平均值和理论的局部水头损失系数值，分析采用理论公式计算是否可靠？

表5　管道局部水头损失实验数据记录表及计算表

测次	1	2	3
体积 V (cm^3)			
时间 T (s)			
流量 Q (cm^3/s)			
流速 v_1(cm/s)			
流速 v_2(cm/s)			
测压管水头 h_1(cm)			
测压管水头 h_2(cm)			
总水头 H_1(cm)			
总水头 H_2(cm)			
实测局部水头损失 h_j(cm)			
实测局部水头损失系数 $\zeta_{1测}$			
实测局部水头损失系数平均值 $\zeta_{均}$			
理论局部水头损失系数 $\zeta_{理}$			

（七）思考题

1. 试分析实测 h_j 与理论计算 h_j 有什么不同？原因何在？

2. 在不忽略管段的沿程水头损失 h_f 的情况下，分析所测出的 $\zeta_{均}$ 值与理论的 $\zeta_{理}$ 值的不同？

3. 当三段管道串联时，相应于同一流量情况下，其突然扩大的 $\zeta_{理}$ 是否一定大于突然缩小的 $\zeta_{理}$？

4. 不同的 Re 数时，局部水头损失系数 $\zeta_{理}$ 是否相同？通常 $\zeta_{理}$ 是否为一常数？

5. 如果管道系统改成垂直安装，对各个局部水头系数值的大小是否有影响？为什么？

实验四　文丘里流量计及孔板流量计率定实验

（一）实验目的

1. 了解文丘里流量计和孔板流量计的实验原理及其实验装置。

2. 掌握文丘里流量计和孔板流量计的使用方法，绘制水头差与流量的关系曲线，确定文丘里流量计和孔板流量计的流量系数 μ 值。

3. 探究不同条件下使用文丘里流量计或者孔板流量计时，局部水头损失的变化规律以及流量系数的变化规律。

（二）实验原理

文丘里流量计是在工业管道中常用的流量计，它包括收缩段、喉管、扩散段三部分。由于过水断面的收缩，该喉管断面水流动动能加大，水头减小，造成收缩段前后断面由于压强不同而产生较大的水头差。此水头差可由压差计测得。根据能量方程以及连续性方程得出不计收缩断面局部水头损失的文丘里流量计的流量计算公式。孔板流量计原理与文丘里流量计原理相同。

即根据：
$$\frac{v_2^2}{2g}-\frac{v_1^2}{2g}=\left(z_1+\frac{p_1}{\gamma}\right)-\left(z_2+\frac{p_2}{\gamma}\right)$$
$$v_2=\frac{A_1}{A_2}v_1=\left(\frac{D}{d}\right)^2 v_1$$

得出：
$$Q_{理}=K\sqrt{\Delta h}$$

其中：
$$K=\frac{\pi}{4}\frac{d^2D^2}{\sqrt{D^4-d^4}}\sqrt{2g}$$
$$\Delta h=\left(z_1+\frac{p_1}{\gamma}\right)-\left(z_2+\frac{p_2}{\gamma}\right)$$

对于文丘里流量计：$\Delta h=h_1-h_2$

对于孔板流量计：$\Delta h=(h_3-h_4)+(h_5-h_6)$

根据实验室设备条件，管道的实测流量 $Q_{实}$ 由体积法或电子流量仪测出。

在实际液体中，由于阻力的存在，水流通过文丘里流量计（或孔板流量计）时有能量损失，故实际通过的流量 $Q_{实}$ 一般比 $Q_{理}$ 稍小，因此，在实际应用时，引入一无量纲系数 μ 给

予修正，实测流量与理想液体情况下的流量之比为流量系数 μ，即

$$\mu=\frac{Q_{实}}{Q_{理}}$$

故　　$Q_{实}=\mu K\sqrt{\Delta h}$。

（三）实验设备

实验设备与各部分名称如图 6 所示。

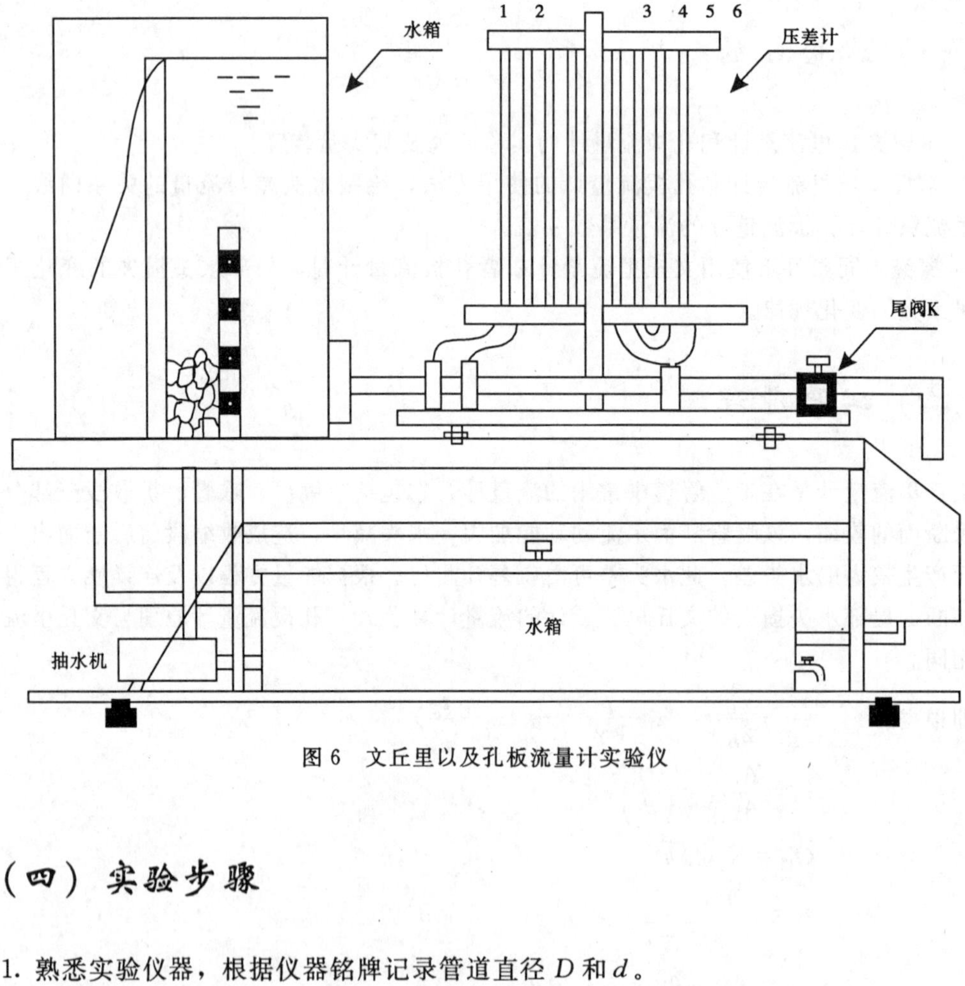

图 6　文丘里以及孔板流量计实验仪

（四）实验步骤

1. 熟悉实验仪器，根据仪器铭牌记录管道直径 D 和 d。

2. 启动抽水机，使水进入水箱，使水箱保持溢流，使水位恒定。

3. 检查尾阀 K，压差计液面是否齐平，若不平，则需排气调平（排气方法：关闭尾阀 K，松开比压计上端三通管止水夹进行排气，待管道和测压管内的气体排净后，适当抬高比压计，使两测压管水面降至测压牌中部便于读数处，再将止水夹夹紧三通管顶，以防止压缩气体外泄）。

4. 打开并调节尾阀 K，依次增大流量和依次减小流量，并保持流量单向改变，分别量

测各次流量所对应的压差值 5 次。流量 $Q_{实}$用体积法或电子流量仪测量流量。

（五）注意事项

1. 改变流量时，需在开关改变后，水流稳定至少 3～5min，方可记录。

2. 当管内流量较大时，测压管内水面会有波动现象。应读取波动水面的最高与最低读数的平均值作为该次读数。

（六）实验成果及要求

1、记录相关常数：

圆管直径 $D=$____cm，圆管直径 $d=$____cm，实验装置台号：____。

2. 将实验过程中数据记入表 6。

表 6　文丘里流量计及孔板流量计率定实验记录及计算表

次数	体积 (ml)	时间 (s)	流量 (ml/s)	h_1	h_2	h_3	h_4	h_5	h_6	$\Delta h_{文丘里}$	$\Delta h_{孔板}$
1											
2											
3											
4											
5											
6											
7											
8											
9											
10											

3. 绘制 $Q-\Delta h$ 关系曲线。在以下坐标纸上，以 Δh 为横坐标，以 Q 为纵坐标，分别点绘文丘里流量计和孔板流量计的 $Q-\Delta h$ 曲线。对比分析两曲线的特点。

4. 根据实测的流量值 $Q_{实}$，计算不同流量下文丘里流量计与孔板流量计的流量系数 μ，分析文丘里流量计与孔板流量计的流量系数不相同的原因。

（七）思考题

1. 若文丘里流量计和孔板流量计倾斜放置，测压管水头差会发生变化吗？为什么？

2. 收缩断面前与收缩断面后相比，哪一个压强大？为什么？

3. 孔板流量计的测压管水头差为什么是：$(h_3-h_4)+(h_5-h_6)$？

4. 实测的 μ 值是大于 1 还是小于 1？为什么？

5. 在相同条件下，文丘里流量计和孔板流量计的流量系数 μ 是否相同？若不同，试仔细观察实验装置，说明原因。

6. 不同条件下，流量系数 μ 是否是常数？若不是，则与哪些因素有关？

实验五　动量方程验证实验

（一）实验目的

1. 测定管嘴喷射水流对平板或曲面板所施加的冲击力。

2. 将实验测出的冲击力与用动量方程计算出的冲击力进行比较，加深对动量方程的理解。

（二）实验原理

应用力矩平衡原理如图 7 所示，求射流对平板和曲面板的冲击力。

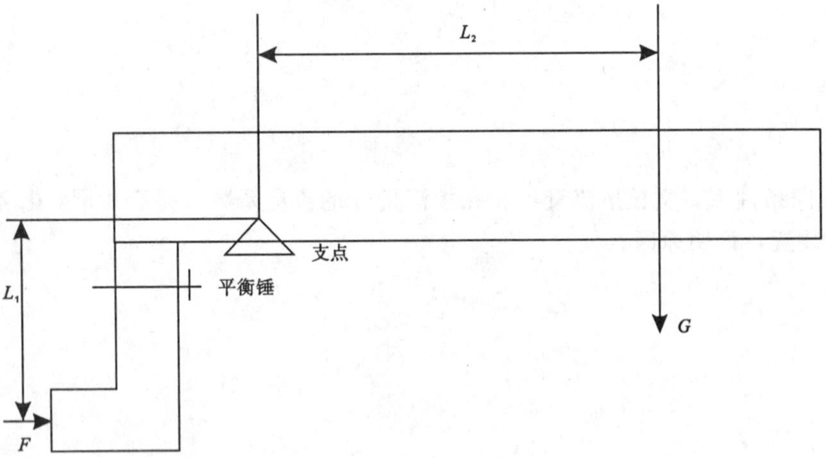

图 7　力矩平衡原理示意图

力矩平衡方程：$FL_1=GL_2$，所以得 $F=\dfrac{GL_2}{L_1}$

式中：F 为射流作用力；L_1 为作用力力臂；G 为砝码重量；L_2 为砝码力臂。

恒定总流的动量方程为：

$$\sum F=\rho Q(\alpha'_2\vec{v_2}-\alpha'_1\vec{v_1})$$

式中：ρ 为水的密度；Q 为流量；α'_1、α'_2 为修正系数；v_1、v_2 分别为冲前、冲后的流速。

若令 $\alpha'_2=\alpha'_1=1$，且只考虑其中水平方向作用力，则可求得射流对平板或曲面板的水平作用力公式为：

$$F=\rho Qv\ (1-\cos\alpha)$$

式中：Q 为管嘴的流量；v 为管嘴流速；α 为射流起始水平方向与经过平面板或者曲面板偏转后水流方向的夹角。

$$\alpha=90°\text{时，}F_{平}=\rho Qv$$

$$\alpha=135°\text{时，}F=\rho Qv\ (1-\cos 135°)\ =1.707\rho Qv=1.707F_{平}$$

$$\alpha=180°\text{时，}F=\rho Qv\ (1-\cos 180°)\ =2\rho Qv=2F_{平}$$

式中：$F_{平}$ 为水流对平板的冲击力。

（三）实验设备

实验设备及各部分名称见图 8，实验中配有 $\alpha=90°$平面板和 $\alpha=135°$及 $\alpha=180°$的曲面板各一个，50g 的砝码一个。

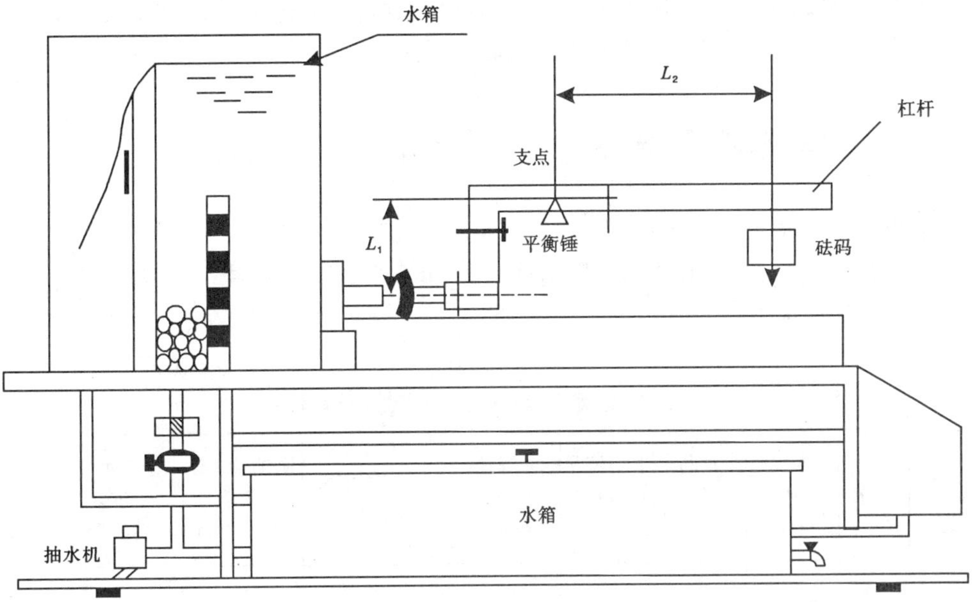

图 8　动量方程验证实验仪器

（四）实验步骤

1. 记录管嘴直径和作用力力臂 L_1。
2. 安装平面板，调节平衡锤位置，使杠杆处于水平状态（杠杆支点上的气泡居中）。
3. 启动抽水机，使水箱充水并保持溢流。此时水流从管嘴射出，冲击平板中心，标尺倾斜。然后调节砝码位置，使杠杆处于水平状态，达到力矩平衡。记录砝码质量和砝码力臂 L_2，根据力矩平衡方程计算实测冲击力 $F_{实}$。

4. 用体积法或电子流量仪测量流量 Q，根据恒定总流的动量方程，计算理论冲击力 $F_{理}$。

5. 将平面板更换为曲面板（$\alpha=135°$ 及 $\alpha=180°$），分别根据砝码力臂 L_2 和量测流量 Q 计算出各曲面板的冲击力测量水流对曲面板的冲击力 $F_{实}$ 和 $F_{理}$。

6. 将设备中的水泵关闭，取下砝码放回原处，待水箱排空，结束实验。

7. 条件允许的情况下，设计不同角度的曲面板，重复以上实验步骤。

（五）注意事项

1. 由于设备内总水量有限，量测流量后，量筒内的水必须倒进接水器，以保证水箱循环水充足。

2. 砝码力臂 L_2 为砝码与支点之间的水平距离，读取 L_2 时需注意杠杆上支点处是不是与零刻线的位置一致。

3. 体积法测流量时，尽量保证量筒接水与计时一定要同步进行，以减小流量的量测误差。

4. 测流量时一般应测两次取平均值，以减少误差。

（六）实验成果及要求

1. 记录有关常数。

喷管直径 d=____cm，作用力力臂 L_1=____cm，实验装置台号：____。

2. 实验数据记录于表 7 中。

表 7　动量方程验证实验记录及计算表

α	测次	体积 V (ml)	时间 T (s)	平均流量 Q (ml/s)	流速 v (cm/s)	砝码力臂 L_2 (cm)	实测冲击力 $F_{实}$ (10^{-5}N)	理论冲击力 $F_{理}$ (10^{-5}N)	相对误差 (%)
90°	1								
	2								
135°	3								
	4								
180°	5								
	6								

3. 成果分析：将实测的水流对挡板的冲击力 $F_{实}$ 与由动量方程计算出的水流对挡板的冲击力 $F_{理}$ 进行比较，计算其相对误差，并分析产生误差的原因。

（七）思考题

1. 实验测得的 $F_{实}$ 和计算得到的 $F_{理}$ 存在差异，除实验误差外还有什么原因？

2. 实验中为什么不考虑平衡锤产生的力矩？

实验六　管流流态实验

（一）实验目的

1. 测定沿程水头损失与断面平均流速的关系，加深对不同流态的阻力损失规律的认识。

2. 测定层流和紊流两种流态水头损失与断面平均流速之间的关系。

3. 绘制水力梯度与断面平均流速的对数关系曲线，即 $\lg h_f - \lg v$ 曲线，并计算图中的临界雷诺系数 Re。

（二）实验原理

1. 层流和紊流。同一液体在同一管道中流动，当流速不同时，液体可以有两种不同的流态。当流速较小时，管中水流的全部质点以平行的方式分层流动，即层流。当流速较大时，管中水流各质点间发生互相混杂的运动，这种形态的液体流动叫做紊流。

层流与紊流的沿程水头损失规律也不同。层流的沿程水头损失大小与断面平均流速的一次方成正比，即 $h_f \propto v^{1.0}$。紊流的沿程水头损失与断面平均流速的 1.75～2.0 次方成正比，即 $h_f \propto v^{1.75\sim2.0}$。通式可以表示为：

$$h_f = kv^m$$

式中：m 为指数，或 $\lg h_f = \lg k + m\lg v$。

每套实验设备的管径 d 固定，当水箱水位保持不变时，管内即产生恒定流动。沿程水头损失 h_f 与断面平均流速 v 的关系可由能量方程导出：

$$z_1 + \frac{p_1}{\rho g} + \frac{\alpha_1 v_1^2}{2g} = z_2 + \frac{p_2}{\rho g} + \frac{\alpha_2 v_2^2}{2g} + h_f$$

由于管径不变，$v_1 = v_2$，取 $\alpha_1 = \alpha_2 = 1.0$，故有：

$$f_f = \left(z_1 + \frac{p_1}{\rho g}\right) - \left(z_2 + \frac{p_2}{\rho g}\right) = \Delta h \cdot \sin\alpha$$

式中：Δh 为压差计读数。

2. 用体积法测定流量。利用量筒与秒表，得到量筒盛水时间 T 及 T 时段内盛水的体积 V，则流量 $Q = V/T$，相应的断面平均流速 $v = Q/A$，其中 A 为管道过水断面面积。

3. 量测水温，用下式计算运动黏性系数 υ：

$$\upsilon = \frac{0.017\ 75}{1 + 0.033\ 7t + 0.000\ 221t^2} \quad (\mathrm{cm^2/s})$$

式中：t（℃）为水温。

4. 根据已知的管径 d 和实测得到的断面平均流速 v 以及水的运动黏性系数 υ 则可得到相应于不同流速时的雷诺数：

$$Re=\frac{vd}{\upsilon}$$

(三) 仪器设备

主要设备如图 9 所示，另外实验室人员需每台实验仪器配备量筒一个、秒表一只、温度计一个。

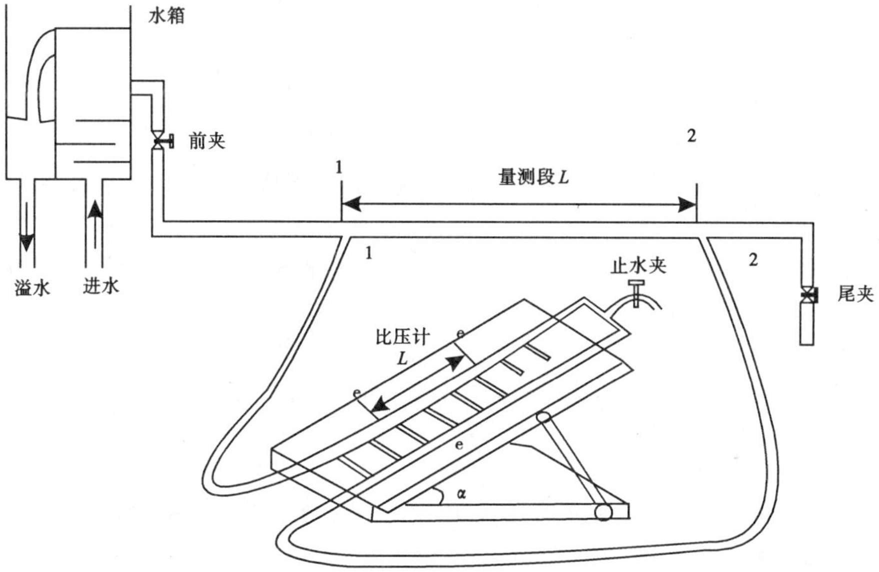

图 9　雷诺实验仪

(四) 方法步骤

1. 启动抽水机，向高位水箱充水，并使高位水箱稍有溢水，再打开管道上的尾阀，以冲洗管道。

2. 关闭尾阀，松开比压计上端三通管止水夹进行排气，待管道和测压管内的气体排净后，适当平端抬高比压计，使两测压管水面降至测压牌中部便于测读数处，再将止水夹夹紧三通管顶端，以防止压缩气体外泄。检查两测压管中水面是否齐平；若不平，则应进行调整或重新排气。

3. 用温度计量测水箱内水温，用公式就可以算出水箱内水的运动黏性系数 υ，在保持室内温度基本不变的情况下，水温量测一次即可。

4. 从紊流到层流。将尾阀打到一定的开度（斜比压计上测压管液面的读数差约为

10cm)，开始实验，待水流稳定后，测读∇_1、∇_2、V、T，便完成了第一个测次。立即计算出Q、v，$h_f=\Delta h\cdot\sin\alpha=(\nabla_1-\nabla_2)\cdot\sin\alpha$，结合步骤3内的运动黏性系数$\upsilon$计算出此流速下的雷诺数$Re$。然后逐次关小尾阀，重复上述操作与测读，一直做到管道出流几乎成滴淋状，此时斜比压计上测压管液面的读数差约为1mm，则完成了从紊流到层流的全部实验过程。

5. 从层流到紊流。由尾阀关闭状态开始，逐次开大尾阀，按上述操作逐次测读（若时间有限，可不做此步骤）。

6. 对实测数据进行分析计算。在坐标纸上以$\lg h_f$为纵坐标、$\lg v$为横坐标（注意最好纵横坐标比为1∶1)，点绘$\lg h_f$-$\lg v$相关实验数据及曲线。

7. 在绘制的曲线图内标出层流区和紊流区数据点的线性趋势线及趋势线方程；从该曲线上确定出下临界流速点，并计算出下临界流速值v_k和临界雷诺数Re_k的值。

（五）注意事项

管流流态实验（亦称雷诺实验）的技术性比较强，必须精心操作，才能取得反映真实情况的成果。

1. 实验过程中尾阀只能朝一个方向关小或开大，不能弄错关与开的顺序。尾阀顺时针旋转为关小，逆时针旋转为开大。

2. 应尽可能减小外界对水流的干扰，在实验过程中，要保持环境安静，不要碰撞管道以及与管道有联系的器件及桌子，要仔细轻巧地操作，尾阀开度的改变对水流也是一个干扰，因而操作阀门要轻微缓慢。

3. 尾阀开度的变化不宜过大。当流速较大时，斜比压计上的读数差改变在2cm左右为宜。当接近临界区$Re_k=2\,000\sim2\,300$，即斜比压计上读数差为1.5cm左右以后，每次调节反映在斜比压计上的读数差改变应控制在1～2mm以内。一个单程量测（从紊流到层流或从层流到紊流)，应做约10个以上的测次，预计全部实测的雷诺数在500～8 000之间，但在雷诺数小于2 500以下时约需6个测次才能保证实验成果比较完满。此时调节尾阀应特别细心。

4. 每调节一次尾阀，必须等待3min，待水流以及比压计读数稳定后，方可进行测量。

5. 用体积法测流量时，量水时间越长，误差越小，量测的流量越精确，尤其在小流量时，应该注意保持尽量长的盛水时间。

6. 量测水温时，要把温度计放在水中读数，不可将它拿出水面读数。

（六）数据记录与计算

1. 实验数据。

管径d=____cm；管道过水面积A=____cm^2；量测段长度L=____cm；

比压计倾斜率$\sin\alpha$=____；水温t=____℃；运动黏性系数υ=____cm^2/s。

2. 数据记录于计算表8。

表 8　管流流态实验数据记录与处理

测次	∇_1 (cm)	∇_2 (cm)	水头损失 h_f(cm)	体积 V(ml)	时间 T(s)	流量 Q(ml/s)	流速 v (cm/s)	雷诺数 Re	对数曲线	
									$\lg h_f$	$\lg v$
1										
2										
3										
4										
5										
6										
7										
8										
9										
10										
11										
12										
13										
14										
15										
16										
17										
18										
19										
20										

3. 成果整理。

分别以 $\log J$ 和 $\log v$ 为纵横坐标（比例用 1∶1），把实验数据点点绘在坐标纸上。并定出紊流向层流转化的临界点，由临界点所对应的 $\log v$ 的值，查反对数得出 $v=v_k$，故可得到临界雷诺数为：

$$Re_k=vd$$

有条件时，可利用 Excel 表格处理软件进行数据处理。

（七）思考题

1. 为什么上、下临界雷诺数数值会不一样？如果进行多次实验，哪一个临界雷诺数数值更稳定？

2. 若将管道倾斜放置，对上、下临界雷诺数是否有影响？为什么？

习题部分

第一章 绪 论

一、名词解释

（1）水力学
（2）连续介质模型
（3）密度
（4）容重
（5）理想液体

二、填空题

（1）液体的基本特征：__________和__________。
（2）密度和容重的关系可用表达式__________表示。
（3）牛顿内摩擦定律内容________________（数学表达式）。
（4）牛顿内摩擦定律文字表达：内摩擦力与__________和__________成正比。
（5）内摩擦阻力有__________、__________、__________、__________四大特性。
（6）黏滞性：液体在运动状态下抵抗__________的能力。
（7）液体可以分成__________、__________、__________三大类。
（8）液体动力黏滞系数、液体运动黏滞系数之间的关系：__________（数学表达式）。
（9）液体动力黏滞系数与温度有关，且温度越高，液体动力黏滞系数__________。
（10）液体可以承受__________，但是不能承受__________。

三、判断题

（1）水可以承受剪力和压力。 （ ）
（2）运动液体中的摩擦力是液体分子的动量交换和内聚力作用的结果。 （ ）

(3) 牛顿平板实验中任一液层上的切应力都相等。 ( )

(4) 实际液体在任何情况下都要考虑内摩擦阻力。 ( )

(5) 静止液体无内摩擦阻力。 ( )

(6) 水的压缩性很小。 ( )

四、应用计算题

1. 利用液体的基本性质解释浪和涟漪是如何形成的，并简要分析其原理。

2. 什么是连续模型？为什么在研究液体机械运动规律时引出连续介质模型？

3. 已知 20℃时空气的容重是 $11.82N/m^3$，求此时空气的密度是多少？

4. 某种汽油的容重为 7.00kN/ m^3，问其密度是多少？

5. 根据书本教材中水的运动黏滞系数 υ 经验公式，计算水温为 10℃时其运动黏滞系数。

第二章　水静力学

一、名词解释

(1) 水静力学
(2) 静水压强
(3) 等压面
(4) 绝对压强、相对压强、真空值
(5) 测压管高度、位置水头、测压管水头

二、填空题

(1) 水静力学研究的静止液体有以下三个特点：(1) ________；(2) ________；(3) ________。
(2) 静水压强的方向________。
(3) 静止液体中某一点静水压强的大小与作用面的方位________，或者说________。
(4) 在平衡液体中等压面即是________。
(5) 水静力学基本方程________。
(6) 绝对压强和相对压强的关系可用表达式表示：________。
(7) 测压管高度 (h_p)、位置水头 (z) 与测压水头 (H_p) 之间的关系：________。
(8) 等压面一定是________。
(9) 水平面________等压面。
(10) 静止液体中，静水压强随深度按________增加。

三、判断题

(1) 等压面与质量正相交。 (　　)
(2) 等压面一定是水平面，相反，水平面一定是等压面。 (　　)
(3) 同一静止水体中，位置较低点的压强恒大于较高点的压强。 (　　)
(4) 相对压强必为正值。 (　　)
(5) 静止液体中，各点的测压管水头不一定相等。 (　　)

(6) 任意受压面上的平均压强都等于其形心上的压强。（　　）

四、应用计算题

1. 试画出曲面 AB 的压力体，并标明曲面上液体总压力的竖向分力的方向。

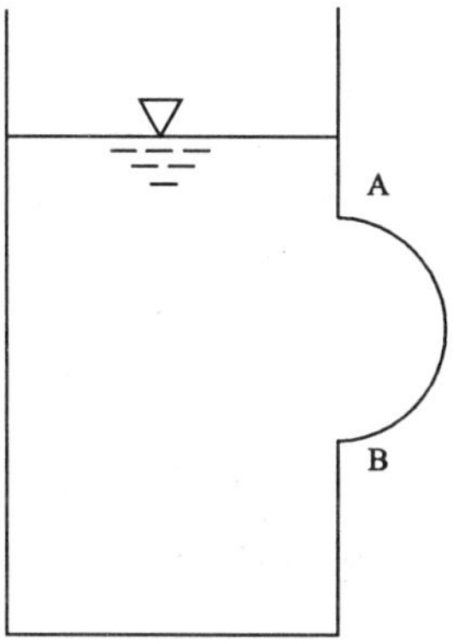

2. 试画出下列左图受压面的压强分布图和右图受压面压力体图，并指示出受力方向。

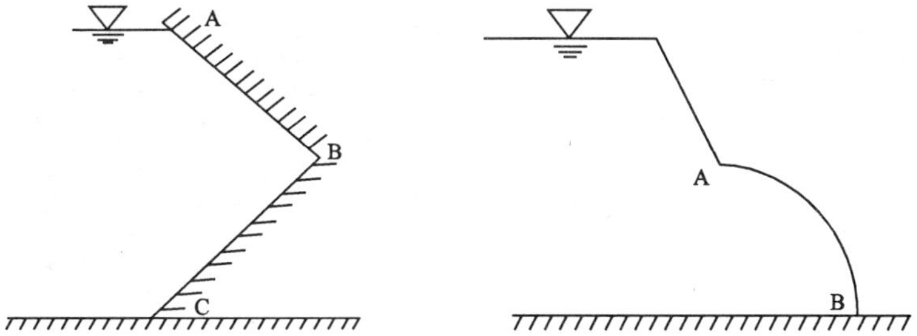

3. 有一弧形闸门 AB 为半径 $R=2\text{m}$ 的圆柱面的 1/4，闸门宽 $b=4\text{m}$，水深 $h=2\text{m}$，求作用在 AB 面上的静水总压力。

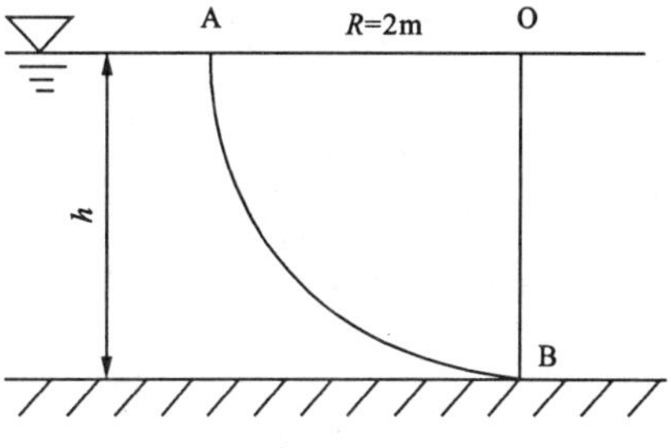

4. 如图，汽车上有一长方形水箱，高 $H=1.2\text{m}$，长 $L=4\text{m}$，水箱顶盖中心有一供加水用的通大气压孔，当汽车以加速度为 3m/s^2 向前行驶时，试计算水箱底面上前后两点 A、B 的静压强（装满水）。

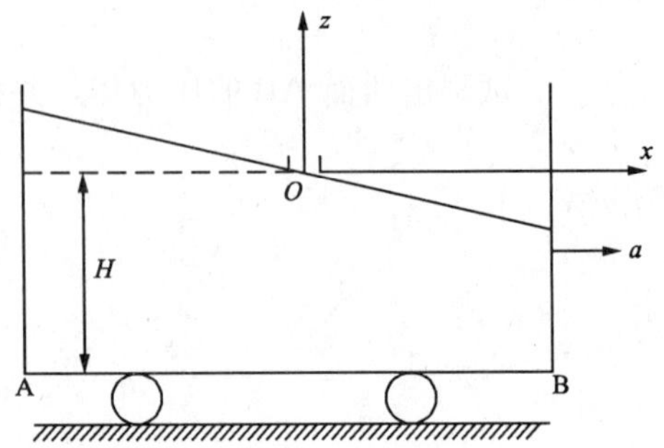

5. 闸门宽 1.2m，铰在 A 点，压力表 G 的读数为 −14 700Pa，在右侧箱中装有油，其重度 $\gamma_0=8.33\text{kN/m}^3$，问在 B 点加多大的水平力才能使闸门 AB 平衡？

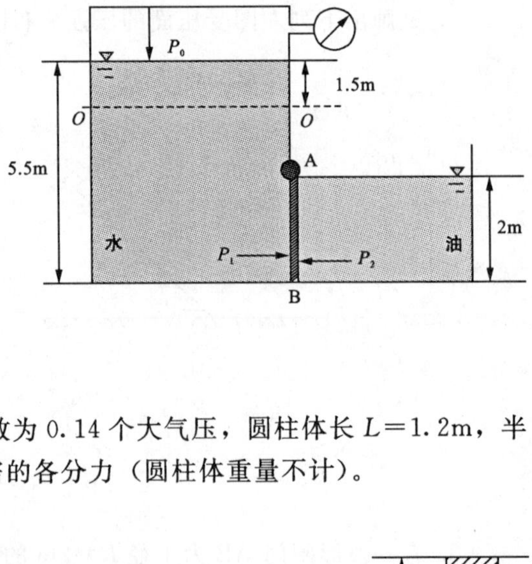

6. 压水箱的横剖面如图所示，压力表的读数为 0.14 个大气压，圆柱体长 $L=1.2\text{m}$，半径$R=0.6\text{m}$。求使圆柱体保持如图所示位置所需的各分力（圆柱体重量不计）。

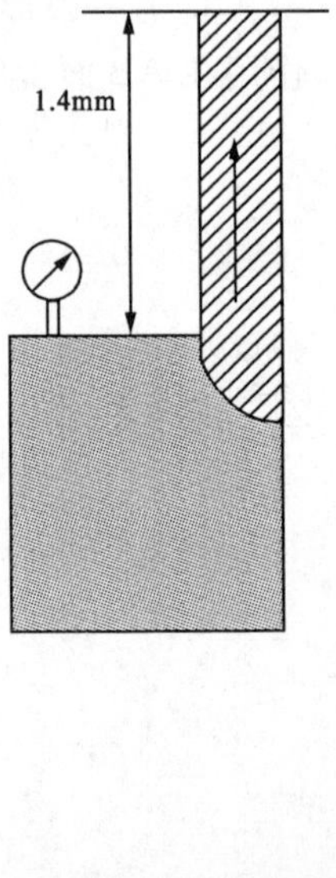

第三章　水动力学基础

一、名词解释

(1) 过水断面
(2) 层流
(3) 紊流
(4) 断面平均流速
(5) 恒定流

二、判断题

(1) 水力坡度是指单位长度流程的水头损失。（　　）
(2) 急变流不可能是均匀流。（　　）
(3) 恒定流是指流场内任何两点间的流速矢量相等。（　　）
(4) 流线可以相交，可以转折。（　　）
(5) 在相对静止的同种、连通、均质液体中，等压面就是水平面。（　　）
(6) 黏滞性是液体产生水头损失的内因。（　　）

三、选择题

(1) 伯努利方程中 $z+\frac{p}{\rho g}+\frac{\alpha v^2}{2g}$表示：(　　)。
A. 单位重量流体具有的机械能　　B. 单位质量流体具有的机械能
C. 单位体积流体具有的机械能　　D. 通过过流断面流体的总机械能
(2) 均匀流是：(　　)。
A. 当地加速度为零　　B. 迁移加速度为零
C. 向心加速度为零　　D. 合加速度为零
(3) 一维流动限于：(　　)。
A. 流线是直线　　B. 速度分布按直线变化
C. 流动参数是一个空间坐标和时间变量的函数
D. 流动参数不随时间变化的流动

(4) 水力学中的一维流动是指（　　）。

A. 恒定流动　B. 均匀流动

C. 层流运动　D. 运动要素只与一个坐标有关的流动

(5) 有压管道的管径 d 与管流水力半径的比值 $d/R=$（　　）。

A. 8　B. 4

C. 2　D. 1

(6) 已知液体流动的沿程水力摩擦系数 λ 与边壁相对粗糙度和雷诺数 Re 都有关，即可以判断该液体流动属于（　　）。

A. 层流区　B. 紊流光滑区

C. 紊流过渡粗糙区　D. 紊流粗糙区

(7) 在明渠中不可以发生的流动是（　　）。

A. 恒定均匀流　B. 恒定非均匀流

C. 非恒定均匀流　D. 非恒定非均匀流

(8) 恒定流是（　　）。

A. 液流随时间按一定规律变化　B. 空间点上的运动要素不随时间变化

C. 过水断面的速度分布相同　D. 迁移加速度为零

(9) 有压管是将____转化为____，从而通过测压机测定流体速度的仪器（　　）。

A. 压能，动能　B. 动能，压能

C. 位能，动能　D. 位能，压能

(10) 流量一定，管径沿程减小时，测压管水线（　　）。

A. 可能上升也可能下降　B. 总是与总水头线一致

C. 只能沿程下降　D. 不可能低于管轴线

四、计算题

1. 利用毕托管原理测量水管中的流量（见图示）。已知输水管直径 d 为 200mm，测得水银差压机读数 h_p 为 60mm，若此时平均断面流速 $v=0.84u$，式中 u 是毕托管前管轴上未受扰动水流的流速。试问输水管中的流速 u 为多大？

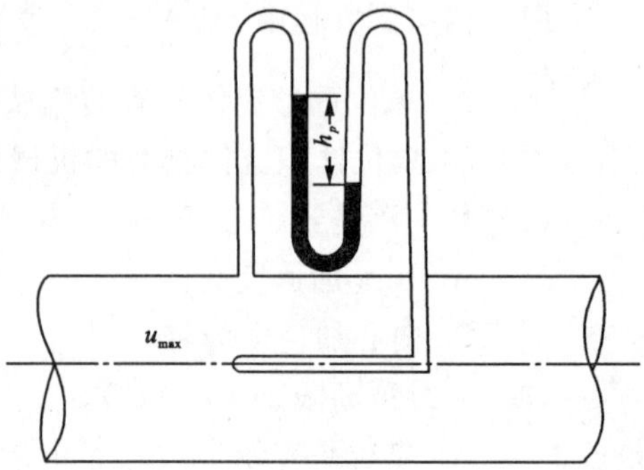

2. 为了测量石油管道的流量，安装文丘里流量计，管道直径 $d_1=200\text{mm}$，流量计喉管直径 $d_2=100\text{mm}$，石油密度 $\rho=850\text{kg/m}^3$，流量计流量系数 $\mu=0.95$。现测得水银压差计读数 $h_p=150\text{mm}$，问此时管中流量 Q 是多少？

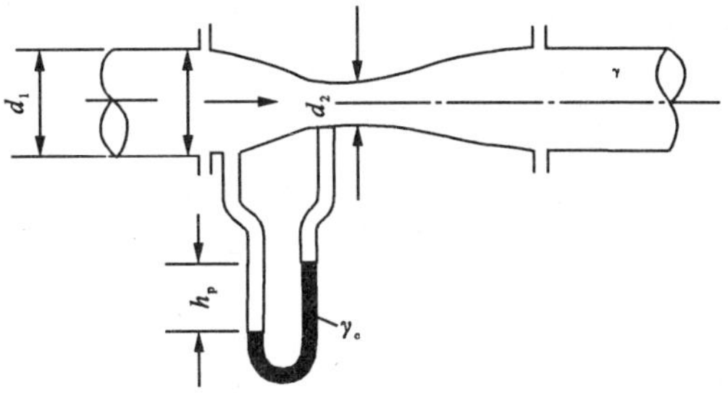

3. 水由喷嘴射出，已知流量 $Q=0.4\text{m}^3/\text{s}$，主管直径 $D=0.4\text{m}$，喷口直径 $d=0.1\text{m}$，水头损失不计，求水流作用在喷嘴上的力。

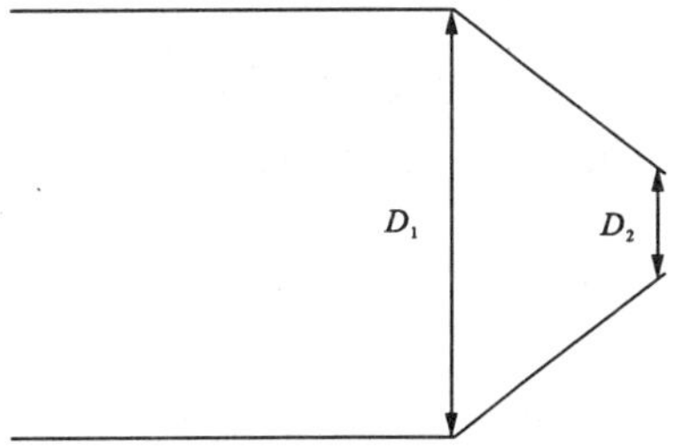

4. 图示管路由两根不同直径的管子与一渐变连接管组成。已知 $d_A=200\text{mm}$，$d_B=400\text{mm}$，A 点相对压强 $p_A=68.6\text{kPa}$，B 点相对压强 $p_B=39.2\text{kPa}$，B 点的断面平均流速 $v_B=1\text{m/s}$，A、B 两点高差 $\Delta z=1.2\text{m}$。试判断流动方向，并计算两断面间的水头损失 h_w。

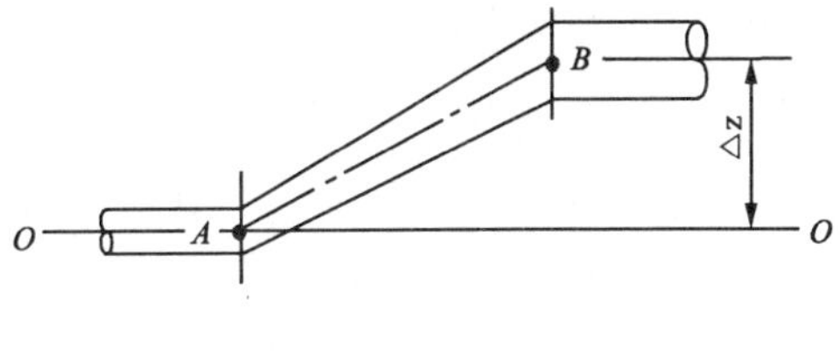

5. 如图所示为嵌入支座内的一段输水管。其直径 $d_1=1.5\mathrm{m}$，$d_2=1.0\mathrm{m}$，支座前压力表 M 读数为 $p=392\mathrm{kN/m^2}$，流量 $Q=1.8\mathrm{m^3/s}$。不计水头损失，试确定支座所受的轴向力 R。

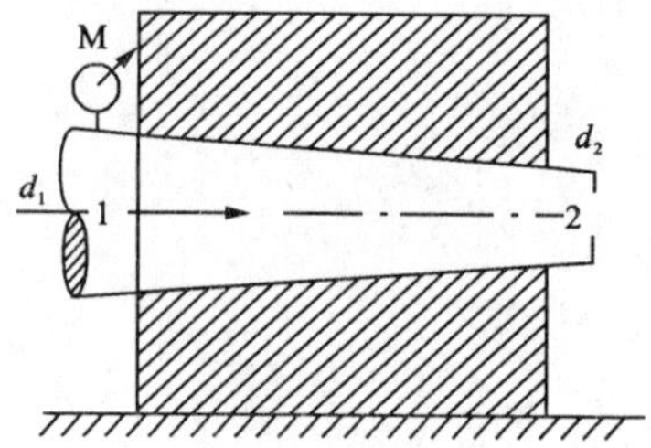

6. 如图（俯视图）所示，水自喷嘴射向一与其交角成 60°的光滑平板。若喷嘴出口直径 $d=25\mathrm{mm}$，喷射流量 $Q=33.4\mathrm{L/s}$，试求射流沿平板的分流流量 Q_1、Q_2 以及射流对平板的作用力 F。假定水头损失可忽略不计。

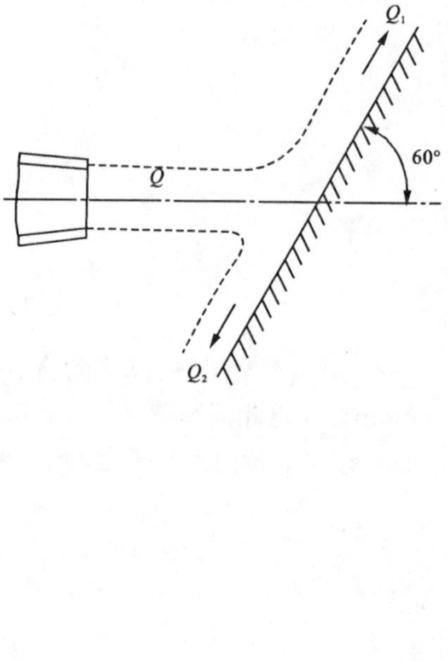

第四章 水头损失

一、名词解释

(1) 水头损失
(2) 沿程阻力
(3) 局部阻力
(4) 长管
(5) 湿周

二、填空题

(1) 圆管流的临界雷诺数 Re_c 为____________。
(2) 雷诺数的物理含义为水流的惯性力与黏滞力之比，表达式：____________。
(3) 雷诺试验揭示了液体存在__________和__________两种流态，并可用____________来判别液流的流态。
(4) 水力学将机械能量的损失称为____________。
(5) 水力学中将水头损失分为：____________和____________。
(6) 理想流体是指____________。
(7) 固体边界的表面总是粗糙不平的，粗糙表面凸出的高度称为____________。
(8) 紊流被分成三种不同的流区____________、____________、____________。
(9) 层流区：Re ____________，λ 仅与雷诺数有关。
(10) 紊流区 Re ____________，液流进入紊流区。

三、选择题

(1) 圆管紊流粗糙区的沿程摩阻系数 λ（　　）。
A. 与雷诺数 Re 有关　　B. 与管壁相对粗糙后 ks/d 有关
C. 与 Re 及 ks/d 有关　　D. 与 Re 和管长 l 有关
(2) 雷诺数是判别下列哪种流态的重要的无量纲数（　　）。
A. 急流和缓流　　B. 均匀流和非均匀流
C. 层流和紊流　　D. 恒定流和非恒定流

(3) 雷诺数的物理意义表示：(　　)。

A. 黏滞力与重力之比　　B. 重力与惯性力之比

C. 惯性力与黏滞力之比　　D. 压力与黏滞力之比

(4) 圆管流动过流断面上的剪应力分布为：(　　)。

A. 在过流断面上是常数　　B. 管轴处是零，且与半径成正比

C. 管壁处是零，向管轴线性增大　　D. 按抛物线分布

(5) 圆管的临界雷诺数：(　　)。

A. 随管径变化　　B. 随流体的密度变化

C. 随流体的黏度变化　　D. 不随以上各量变化

(6) 圆管层流，实测管轴上的流速为 0.4m/s，则断面平均流速为：(　　)。

A. 0.4m/s　　B. 0.32 m/s

C. 0.2m/s　　D. 0.1m/s

(7) 圆管紊流过渡区的沿程阻力系数 λ：(　　)。

A. 与雷诺数 Re 有关　　B. 与管壁粗糙度有关

B. A 与 B　　D. 与雷诺数 Re 及管长 l 有关

(8) 圆管紊流粗糙区的沿程阻力系数 λ：(　　)。

A. 与雷诺数 Re 有关　　B. 与管壁粗糙度有关

C. A 与 B　　D. 与雷诺数 Re 及管长 l 有关

(9) 在圆管流中，紊流的断面流速分布符合：(　　)。

A. 均匀规律　　B. 直线变化规律

C. 抛物线规律　　D. 对数曲线规律

(10) 在圆管流中，层流的断面流速分布符合：(　　)。

A. 均匀规律　　B. 直线变化规律

C. 抛物线规律　　D. 对数曲线规律

四、计算题

1. 水箱侧壁开一圆形薄壁孔口，直径 $d=5\text{cm}$，水面恒定，孔口中心到水面的高度 $H=4\text{m}$。已知孔口的流速系数 $\varphi=0.98$，收缩系数 $\varepsilon=0.62$，求孔口出流手上断面的流速 v_c、流量 Q 和水头损失 h_m。

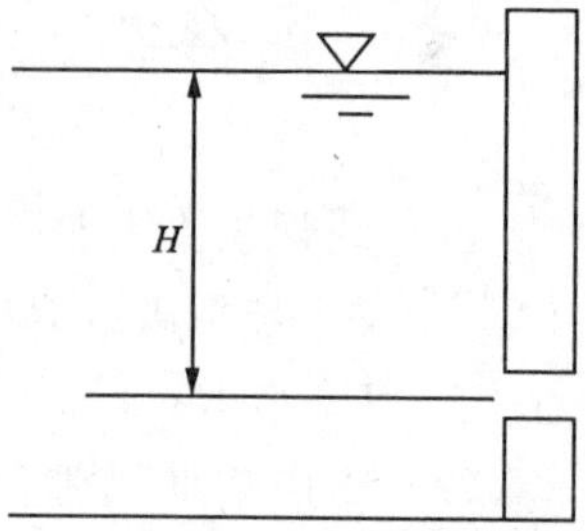

2. 图示串联供水管路，各段管长 $l_1=350\text{m}$，$l_2=300\text{m}$，$l_3=200\text{m}$；管径 $d_1=300\text{mm}$，$d_2=200\text{mm}$，$d_3=100\text{mm}$；沿程阻力系数 $\lambda_1=0.03$，$\lambda_2=0.035$，$\lambda_3=0.04$；节点流量 $q_1=100\text{L/s}$，$q_2=60\text{L/s}$，$q_3=30\text{L/s}$；末端所需自由水头为 25m，求水塔的供水高度 H。

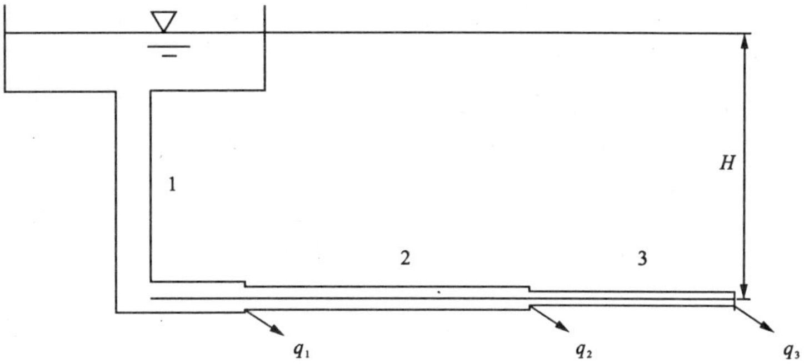

3. 图示两水池 A、B 水位差 $z=3\text{m}$，其间连接一铸铁管，长度 $l=60\text{m}$，管径 $d=200\text{mm}$，沿程阻力系数 $\lambda=0.026$。弯头局部阻力系数 $\zeta_{弯}=0.132$，阀门局部阻力系数 $\zeta_{阀}=2.06$。求此管中的流量 Q。

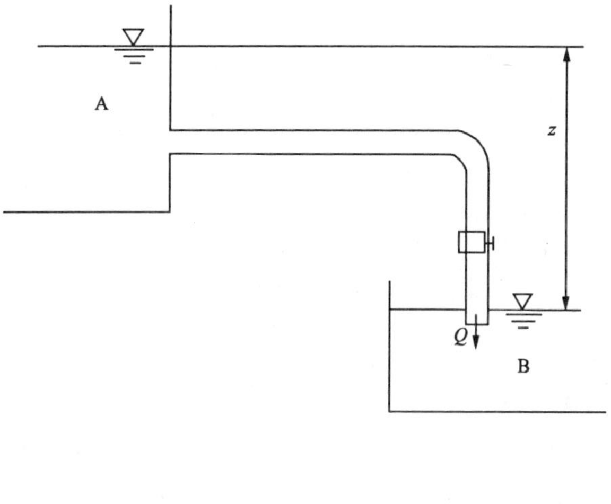

4. 某输油管道，已知管径 $d=20$cm，流量 $Q=47$L/s，容重 $\gamma=9.3$kN/m^3，运动黏滞系数$\upsilon=25$cm^2/s，试求：①断面的流速分布；②速度等于断面平均流速的点的位置；③100m长管道上的能量损失；④加温后，$\upsilon=1.6$cm^2/s 时的水头损失。

5. 如图所示的水平均匀管流。已知 $\nabla_1=160$cm，$\nabla_2=134$cm，$\nabla_3=50$cm，$d=5$cm，$Q=4.9$L/s，水流处于阻力平方区。试求：①管道沿程阻力系数；②阀门局部阻力系数。

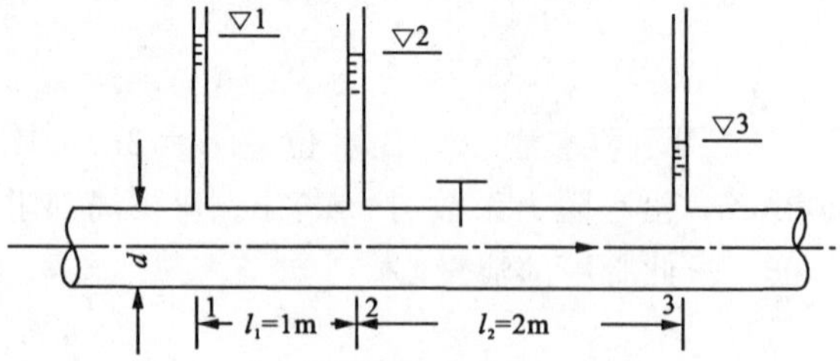

第五章　有压管道的恒定流动

一、名词解释

(1) 短管
(2) 长管
(3) 直接水击
(4) 间接水击
(5) 管嘴出流

二、填空题

(1) 根据管道水头损失计算方法的不同，管道可以分为____________和____________。
(2) 水由孔口直接流入另一水体中，称为____________出流。
(3) 在相同的水头作用下，同样口径管嘴的出流量比孔口的出流量____________。
(4) 孔口自由出流和淹没出流的计算公式相同，各项系数相同，但____________不同。
(5) 串联管路由多个直径不同的管段依次首尾相连而组成，流向节点的流量____________留出节点的流量。(＞、＝、＜)
(6) 管道中的水击过程可分为____________个阶段。
(7) 两根并联管道水头损失 h_f 的计算公式是____________。

三、选择题

(1) 水泵的扬程是指（　　）。
A. 水泵提水高度
B. 水泵提水高度＋ 吸水管与压水管的水头损失
C. 水泵提水高度＋吸水管的水头损失
D. 水泵提水高度＋压水管的水头损失

(2) 水击的相长计算式为（　　）。
A. $T_s=\frac{l}{a}$　　B. $T_s=\frac{2l}{a}$
C. $T_s=\frac{3l}{a}$　　D. $T_s=\frac{4l}{a}$

(3) 有压管道的管径 d 与管流水力半径的比值 $d/R=$（　　）。

A. 8　　B. 4

C. 2　　D. 1

(4) 突然完全关闭管道末端的阀门，产生直接水击。已知水击波速 $c=1\ 000\mathrm{m/s}$，水击压强水头 $H=250\mathrm{m}$，则管道中原来的流速 v_0 为（　　）。

A. 1.54m　　B. 2.0m

C. 2.45m　　D. 3.22m

(5) 对于并联长管道，每根管道的（　　）相等。

A. 流量　　B. 切应力

C. 沿程水头损失　　D. 水力坡度

(6) 管道发生水击现象时，其水流类型为（　　）。

A. 有压恒定均匀流　　B. 无压恒定非均匀流

C. 有压恒定非均匀流　　D. 有压非恒定流

(7) 水流在等直径管中做恒定流动时，其测压管水头线沿程（　　）。

A. 下降　　B. 不变

C. 上升　　D. 可上升，亦可下降

(8) 串联管道，无支流分出，则各管段的（　　）。

A. 流量相等　　B. 切应力相等

C. 沿程水头损失相等　　D. 水力坡度相等

(9) 下列情况中，总水头线与测压管水头线重合的是（　　）。

A；实际液体　　B. 理想液体

C. 长管　　D. 短管

(10) 长管是________的管道。

A. 管长大于 100m

B. 沿程损失大于 5m

C. 沿程损失系数 λ 很大

D. 局部损失和流速水头小于总损失的 5%，可忽略不计

四、判断题

(1) 同样条件下直接水击比间接水击更不安全。（　　）

(2) 长管的作用水头全部消耗在沿程水头损失上。（　　）

(3) 孔口外面加管嘴后，增加了阻力，因此流量减小。（　　）

(4) 运动水流的测压管水头线可以沿程上升，也可以沿程下降。总水头线总是下降 。（　　）

(5) 串联管路各管段的流量沿程不变、管径减小，管道的总水头线呈折线形。（　　）

(6) 并联管路各并联管段的水头损失皆相等。（　　）

五、计算题

1. 水从 A 箱通过直径为 10cm 的薄壁孔口流入 B 水箱，流量系数为 0.62，设上游水箱中水面高程 $H_1=3$m 保持不变。试分别求：①A 水箱敞开，B 水箱中无水时；②A 水箱敞开，B 水箱中的水深 $H_2=2$m 时；③A 水箱水面压强为 2kPa 时，通过孔口的流量。

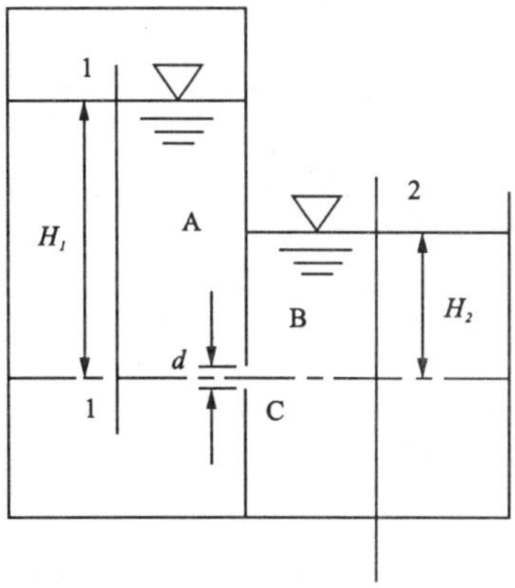

2. 两敞口水箱用一直径为 $d_1=40$mm 的薄壁孔口连通，如图所示。右侧水箱的底部接一直径为 $d_2=30$mm 的圆柱形管嘴，长 $l=0.1$m，孔口的上游水深 $H_1=3$m，水流保持恒定，求管嘴流量 Q_2 和下游水深 H_2。

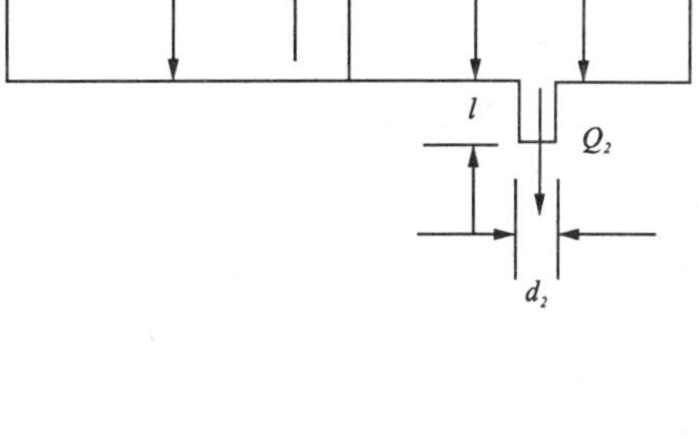

3. 从水箱接一橡胶管道及喷嘴如图所示。橡胶管直径 $D=7.5\text{cm}$，喷嘴出口直径 $d=2.0\text{cm}$。水头 $H=5.5\text{m}$。由水箱至喷嘴的水头损失 $h_w=0.5\text{m}$。用压力表测得橡胶管与喷嘴接头处的压强 $p=4.9\text{N/cm}^2$。如用手握住喷嘴，需要多大的水平力 R，行进流速 $v_0=0$，取动能校正系数和动量校正系数均为 1。

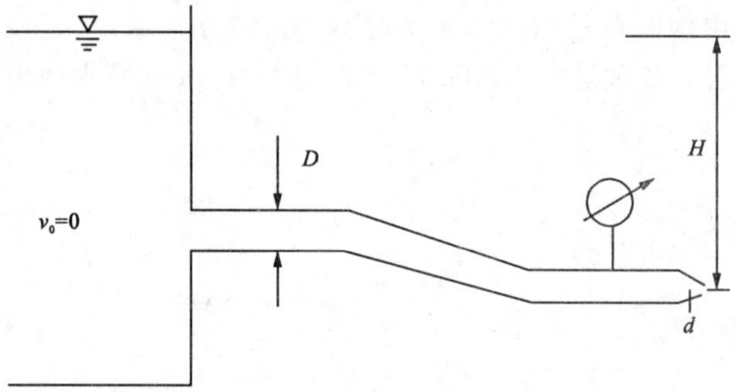

4. 水池 A 和 B 的水位保持不变，与一直径变化的管道系统相连接，如图所示。管道直径 $d_1=200\text{mm}$，$d_2=400\text{mm}$，管长 $l_1=9\text{m}$，$l_2=15\text{m}$，两水池水面高差为 3m，两管道沿程阻力系数 $\lambda=0.04$，试求通过管道的流量并绘制总水头线及测压管水头线。

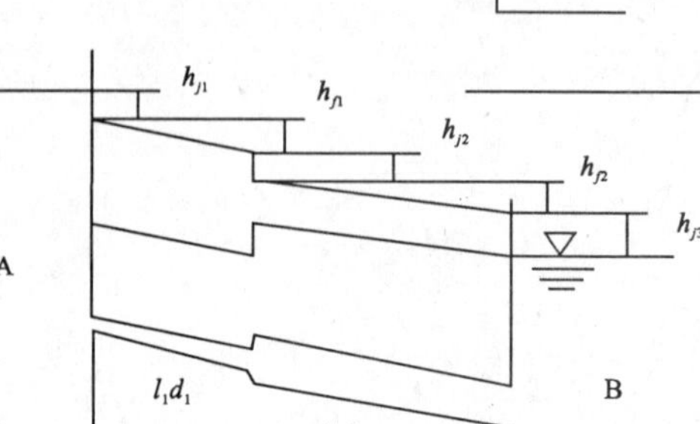

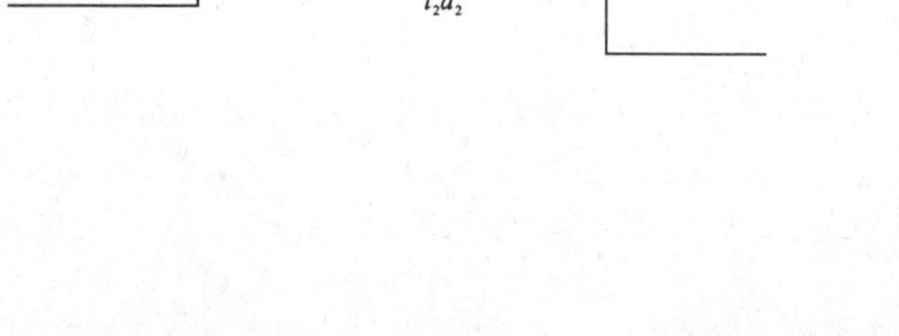

5. 用离心泵将湖水抽到水池，流量 $Q=0.2\mathrm{m}^3/\mathrm{s}$，湖面标高 $\nabla_1=85.0\mathrm{m}$，水池水面标高 $\nabla_3=105.0\mathrm{m}$，吸水管长 $l_1=10\mathrm{m}$，水泵的允许真空值为 4.5m，吸水管底阀局部水头损失系数 $\zeta_e=2.5$，90°弯头局部阻力系数 $\zeta_w=0.3$，水泵入口前的渐变收缩段局部阻水系数 $\zeta=0.1$，吸水管沿程阻力系数 $\lambda=0.022$，压力管道采用铸铁管，其直径 $d_2=400\mathrm{mm}$，长度 $l_2=1\ 000\mathrm{m}$，$n=0.013$，试确定：①吸水管的直径 d_1；②水泵的安装高程 ∇_2；③带动水泵的动力机械功率。

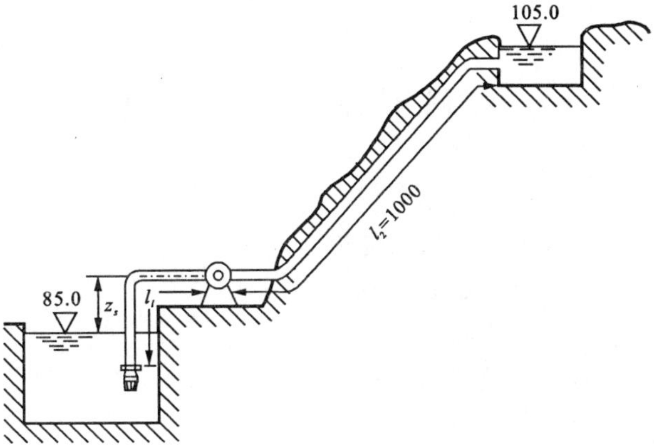

第六章 明渠恒定流

一、名词解释

（1）临界水深
（2）渐变流和急变流
（3）临界底坡
（4）缓流状态
（5）急流状态
（6）跌水
（7）水跃

二、填空题

（1）水流在明渠中的流态为缓流时，其水深 h ______ h_k，弗汝德数 Fr ______ 1。（填写<、=、>符号）

（2）在流量不变的条件下，水跃的跃前水深越小，则水跃的跃后水深越__________。

（3）a_2型水面曲线是发生在__________坡上的__________流（指急流或缓流）的水面线，这时弗汝德数 F_r 沿程__________（指增大、减小或不变）。

（4）泄水建筑物下游发生远驱水跃时，下游收缩断面水深 h_c的共轭水深 h_c''______ h_t（h_t为下游河道的水深，填写<、=、>符号）。

（5）有一明渠均匀流，通过流量 $Q=55\text{m}^3/\text{s}$，底坡 $i=0.000\ 4$，则其流量模数 $K=$______。

（6）有两条梯形断面渠道1和2，已知其流量、边坡系数、糙率和底坡相同，但底坡 $i_1>i_2$，则其均匀流水深（即正常水深）的相对大小为 h_1 ______ h_2。

（7）明渠均匀流的主要特征之一中的三线平行是指______线、______线和______线。

（8）水跃是水流从______流过渡到______流的局部水力现象。

（9）渠道中的水深 h 大于临界水深 h_c时，水流流态为__________。

（10）水跃函数相等的两个不同水深称为__________。

三、选择题

（1）明渠水流模型实验，长度比尺为4，模型流量应为原型流量的（　　）。

A. 1/2　　B. 1/4

C. 1/8　　D. 1/32

(2) 在明渠中不可以发生的流动是（　　）。

A. 恒定均匀流　　B. 恒定非均匀流

C. 非恒定均匀流　　D. 非恒定非均匀流

(3) 在缓坡明渠中不可以发生的流动是（　　）。

A. 均匀缓流　　B. 均匀急流

C. 非均匀缓流　　D. 非均匀急流

(4) 底宽 $b=1.5\text{m}$ 的矩形明渠，通过的流量 $Q=1.5\text{m}^3/\text{s}$，已知渠中某处水深 $h=0.4\text{m}$，则该处水流的流态为（　　）。

A. 缓流　　B. 急流

C. 临界流

(5) 在已知通过流量 Q、渠道底坡 i、边坡系数 m 及粗糙系数 n 的条件下，计算梯形断面渠道尺寸的补充条件及设问不能是（　　）

A. 给定水深 h，求底宽 b

B. 给定宽深比 β，求水深 h 与底宽 b

C. 给定最大允许流速 $V_{\max}$，求水底 h 与底宽 b

D. 给定水力坡度 J，求水深 h 与底宽 b

(6) 共轭水深是指（　　）。

A. 水跃的跃前水深与跃后水深　　B. 溢流坝下游水流收缩断面水深

C. 均匀流水深　　D. 临界水深

(7) 从作用力角度分析，在下列渠道中能产生均匀流的渠道为（　　）。

A. 平坡渠道　　B. 正坡渠道

C. 逆坡渠道　　D. 非棱柱形正坡渠道

(8) 矩形断面渠道最小断面比能 E_{smin} 与相应的临界水深 h_k 之比 $E_{smin}/\text{h}_k=$（　　）。

$$E_s=E_{smin}=h_k+\frac{\alpha v_k^2}{2g}=h_k+\frac{1}{2}h_k=\frac{3}{2}h_k$$

A. 2.0　　B. 1.5

C. 1.0　　D. 0.5

(9) 断面单位能量 e 随水深 h 的变化规律是（　　）。

A. e 存在极大值　　B. e 存在极小值

C. e 随 h 增加而单调增加　　D. e 随 h 增加而单调减少

(10) 下列各型水面曲线中，表现为上凸型的水面曲线是（　　）。

A. M3 型　　B. C3 型

C. S3 型　　D. H3 型

四、判断题

(1) 在正坡非棱柱形渠道内可以形成均匀流。　　（　　）

(2) 矩形断面水力最佳断面的宽深比 $\beta=2$。 (　　)

(3) 断面比能沿流程总是减小的。 (　　)

(4) 在流量和渠道断面形式一定的条件下，跃前水深越大，跃后水深也越大。 (　　)

(5) 明渠过水断面上流速分布不均匀是由于液体黏滞性和边壁阻力造成的。 (　　)

(6) 明渠水流从急流过渡到缓流时水面突然跃起的局部水流现象称为水跃。 (　　)

五、计算题

1. 某水厂拟建一矩形断面引水渠。设计底坡 $i=0.004$，设计流量 $Q=6\text{m}^3/\text{s}$，规定渠中流速 $v_0=1.0\text{m/s}$，取 $n=0.018$，试设计渠道断面尺寸（超高 $\Delta h=0.3\text{m}$）。

2. 今欲开挖一梯形断面土渠，已知流量 $Q=10\text{m}^3/\text{s}$，边坡系数 $m=1.5$，粗糙系数 $n=0.02$，为防止冲刷取最大允许流速为 1m/s，求水力最优断面尺寸和底坡 i。

3. 拟在中壤土区修一梯形断面渠道，设计底坡 $i=0.0009$，设计流量 $Q=3\text{m}^3/\text{s}$，拟定：$m=1.0$，$\beta=\frac{b}{h}=2.0$。①当取土渠糙率 $n_1=0.025$ 时，用图解法设计渠道底宽及水深；②为增大过流量，拟将渠道两边坡改为混凝土预制板护面（其糙率 $n_2=0.014$）。在其他条件不变时，问流量可以增加多少？

4. 已知一矩形渠道糙率 $n=0.02$，底坡 $i=0.0001$，临界水深为 $h_k=5\text{m}$，在发生均匀流时，过水断面形状满足水力最优（佳）断面。求：①均匀流时渠道通过的流量；②均匀流时渠道断面尺寸。

答案部分

第一章　绪　论

参考答案

一、名词解释

(1) 水力学：以水为代表的液体（流体）在平衡或机械运动中表现的宏观力学性质。

(2) 连续介质模型：把液体作为连续介质看待，即假设液体是一种充满其所占据空间毫无空隙的连续体。

(3) 密度（ρ）：单位体积内液体的质量，单位 kg/m^3。

(4) 容重（γ）：单位体积内液体的重量，单位 N/m^3。

(5) 理想液体：液体动力黏性系数等于零的液体。

二、填空

(1) 易流动性，不可压缩性。

(2) $\gamma=\rho g$。

(3) $F=\mu A\,du/dy$ 或 $\tau=F/A=\mu du/dy$。

(4) 液体层间作用面积，速度梯度的大小。

(5) 内力，剪切力，成对出现，内摩擦力大小与液体层间作用面的大小成正比。

(6) 剪切变形。

(7) 理想液体、牛顿液体、非牛顿液体。

(8) 液体动力黏性系数：μ；液体运动黏性系数：υ；关系式 $\upsilon=\mu/\rho$。

(9) 小。

(10) 压力，拉力。

三、判断题

(1) ×　(2) √　(3) √　(4) ×　(5) ×　(6) √

四、应用计算题

1. 解答：水黏滞性很小，几乎不能承受拉力（即吸管原理），处于静止状态下的流体还不能抵抗剪力，即液体在很小的剪力作用下将发生连续不断的变形（浪、涟漪形成原因），即流体的易流动性。

2. 解答：连续介质模型是把液体作为连续介质看待，即假设液体是一种充满其所占据空间毫无空隙的连续体。水力学在研究液体运动时，由于只研究外力作用下的机械运动，不研究液体内部的分子运动，即研究的是流体的宏观特性，所以引出了连续介质模型来解决实际工程问题。

3. 解答：$\gamma=\rho g$ ，$g=10N/kg$

$\rho=\gamma/g=11.82\ N/m^3/(10N/kg)=1.18\ kg/m^3$

4. 解答：$\gamma=\rho g$ ，$g=10N/kg$

$\rho=\gamma/g=7.00\ kN/m^3/(10N/kg)=700\ kg/m^3$

5. 解答：$\upsilon=0.01775/(1+0.0337\times10+0.000221\times10\times10)(cm^2/s)=0.01306(cm^2/s)$

第二章　水静力学

参考答案

一、名词解释

(1) 水静力学：研究理想液体处于静止状态下的平衡规律及其实际应用。

(2) 静水压强：静止液体作用在与之接触的表面上的水压力。

(3) 等压面：液体中各点压强相等的面。

(4) 绝对压强 p_{abs}：以假设没有大气分子存在的绝对真空状态作为起量点的压强。

相对压强 p_r：以当地大气压 p_a 作为零起算的压强。

真空值 p_v：常用真空高度来表征，$p_v=p_a-p_{abs}=-p_r$。

(5) 测压（管）高度（h_p）：静止液体内从某点到等于大气压强面之间的垂直距离。

位置水头（高度）(Z)：静止液体内从某点到基准面的垂直距离。

测压水头（H_p）：静止液体内某点的测压高度与位置高度之和，满足 $H_p=Z+h_p$。

二、填空

(1) 合外力为零；内摩擦阻力为 0；液体只受压力，拉力和剪力都为 0
(2) 作用面的内法线方向重合，指向并垂直其受压面
(3) 无关，作用于液体内同一点各方向的静水压强大小相等
(4) 等势面
(5) $p=p_0+\gamma h$　　$p_B=p_A\pm\gamma h_{AB}$
(6) $p_{abs}=p_a+p_r$
(7) $H_p=Z+h_p$
(8) 水平面
(9) 不一定
(10) 线性规律

三、判断

(1) √　(2) ×　(3) √　(4) ×　(5) ×　(6) √

四、应用计算题

1. 略　2. 略
3. 答案：总压力 $P=145.94\text{kN}$，压力方向 $\beta=57.51°$
　　$Z_D=1.69\text{m}$
4. 解：$p_A=17\ 755\text{Pa}$；$p_B=5\ 760\text{Pa}$
5. 解：25.87kN
6. 答案：水平分力：$p_x=11\ 995.2\text{N}$；垂直分力 $P_z=13\ 201.8\text{N}$

第三章　水动力学基础

参考答案

一、名词解释

(1) 过水断面：与元流或总流的所有流线正交的横断面为过水断面，其面积为 A。
(2) 层流：流速较小时，不同流速的水质点成层状分布，相互间互不混掺。

(3) 紊流：流速较大时，管中水流充满漩涡，质点互相混掺地流动。
(4) 断面平均流速：假定在过水断面上液体质点都以同一个速度 v 向前运动，$v=Q/A$。
(5) 恒定流：流场中各空间点上流体质点的所有运动要素均不随时间变化的流动。

二、判断题

(1) T；(2) T；(3) F；(4) F；(5) F；(6) T

三、选择题

(1) A；(2) B；(3) C；(4) D；(5) B；
(6) C；(7) C；(8) C；(9) B；(10) C

四、计算题

1. 答案：3.85m/s
2. 答案：0.051m^3/s
3. 答案：水流作用在喷嘴上的力：$F=-F'=-143.34$kN，大小为 143.34kN，方向水平向右
4. 答案：2.56m
5. 答案：渐变段支座上所受的轴向力 R 大小为 384kN，方向水平向左
6. 解：$Q_2=8.35$L/s，$Q_1=25.05$L/s，$F=1\,969.12$N

第四章　水头损失

参考答案

一、名词解释

(1) 水头损失：单位重量液体在流动中的能量损失。
(2) 沿程阻力：液体内摩擦力与液体流动的路程呈正比。
(3) 局部阻力：局部边界条件急剧改变引起流速沿程突变所产生的惯性阻力。
(4) 长管：在水力计算中，管道沿程阻力远远大于局部阻力，局部阻力可以忽略不计的管道。
(5) 湿周：固体壁与水流接触的周长，用 χ 表示。A/χ 称为水力半径 R。

二、选择题

(1) B；(2) C；(3) C；(4) B；(5) D；
(6) C；(7) C；(8) B；(9) D；(10) C

三、计算题

1. 答案：孔口出流收缩断面的流速 $v_c=8.68\text{m/s}$，流量 $Q=0.01\text{m}^3/\text{s}$，水头损失 $h_m=0.156\text{m}$

2. 答案：水塔的供水高度 $H=120\text{m}$

3. 答案：$0.071\text{m}^3/\text{s}$

4. 答案：①断面流速分布　$v=3(100-\gamma^2)$ (cm/s)

②7.1cm

③3.06m

④1.95m

5. 答案：①0.041

②1.0

第五章　有压管道的恒定流动

参考答案

一、名词解释

(1) 短管：在水力计算中，水流的流苏水头和局部水头损失都是不能忽略不计的管道。

(2) 长管：在水力计算中，管道沿程阻力远远大于局部阻力，局部阻力可以忽略不计的管道。

(3) 直接水击：如关闭时间小于一个相长，那么最早发出的水击波的反射波到达阀门以前，阀门已完全关闭，这时阀门处的水击压强和瞬时关闭时相同，这种水击称为直接水击。

(4) 间接水击：如阀门关闭时间 T_Z 大于一个相长 T，则开始关闭时发出的增压水击波经管路进口反射形成的减压水击波，在阀门尚未完全关闭前，已返回阀门断面，遇到阀门继续关闭所产生的增压水击波，将抵消一部分压强增量，使阀门处的水击压强小于直接水击的水击压强，这种情况的水击称为间接水击。

(5) 管嘴出流：孔口出流的孔口上加一段 3～4 倍管径的短管，流体经短管流出时充满短管出口的全部断面，称为管嘴出流。

二、填空题

(1) 短管　长管　(2) 淹没
(3) 大　(4) H 代表意义
(5) ＝　(6) 4
(7) $h_{f1}=h_{f2}$

三、选择题

(1) B；(2) B；(3) B；(4) C；(5) C；
(6) D；(7) A；(8) A；(9) C；(10) D

四、判断题

(1) T；(2) T；(3) F；(4) T；(5) F；(6) T

五、计算题

1. 答案：0.037 3m^3/s；0.025m^3/s；0.023 7m^3/s
2. 答案：0.036 3m^3/s
3. 答案：$R=187.79N$
4. 答案：0.108m^3/s
5. 答案：$d_1=0.5m$；$\nabla_2=89.28m$；$N=83kW$

第六章　明渠恒定流

参考答案

一、名词解释

(1) 临界水深：断面比能曲线上，相应于最小断面比能的水深 h_k，称为临界水深。
(2) 渐变流和急变流：渐变流是指各流线接近于平行直线的流动，否则称为急变流。
(3) 临界底坡：若正常水深恰好等于该流量下的临界水深，相应的渠道底坡称为临界底坡，以符号 i_k 表示。

(4) 缓流状态：$v < v_k$，则 $h > h_k$。此时，水流状态处在 $e=f(h)$ 曲线的上支，$de/dh > 0$，断面单位能量 e 随着水深 h 增大而增大。

(5) 急流状态：$v > v_k$，则 $h < h_k$。此时，水流状态处在 $e=f(h)$ 曲线的下支，$de/dh < 0$，断面单位能量 e 随着水深 h 增大而减小。

(6) 跌水：跌水是明渠水流从缓流过渡到急流、水面急剧降落的局部水力现象。

(7) 水跃：明渠水流从急流过渡到缓流状态时，会产生一种水面突然跃起的特殊局部水里现象，即在较短的渠段内水深从小于临界水深急剧地跃到大于临界水深的现象称为水跃。

二、填空题

(1) >，<　　(2) 大　　(3) 陡坡，缓流，减小　　(4) <　　(5) 2 750m^3/s
(6) <　　(7) 底坡，水面，总水头　　(8) 急、缓　　(9) 缓流　　(10) 共轭水深

三、选择题

(1) D；(2) C；(3) B；(4) B；(5) D；
(6) A；(7) B；(8) B；(9) B；(10) C

四、判断题

(1) F；(2) T；(3) F；(4) F；(5) T；(6) T

五、计算题

1. 答案：渠深 $H=h_1+\Delta h=2.37m$
   渠宽 $b=b_1=2.90m$
2. 答案：水力最优断面尺寸为 $h=2.2m$　$b=1.3m$　底坡 $i=0.000\,4$
3. 答案：$b=2.08m$，$h=1.04m$；$Q=0.9m^3/s$
4. 答案：$h=16.88m$；$b=33.77m$，$Q=1\,182m^3/s$

主要参考文献

1. 黄儒钦. 水力学教程（第三版）[M]. 成都：西南交通大学出版社，2006
2. 禹华谦. 水力学学习指导 [M]. 成都：西南交通大学出版社，1999
3. 赵振兴，何建京. 水力学（第二版）[M]. 北京：清华大学出版社，2010
4. 裴国霞. 水力学学习指导与习题详解 [M]. 北京：机械工业出版社，2009
5. 杨小亭，冯彩凤，李琼. 水力学实验 [M]. 北京：水利水电出版社，2008